# 美丽中国海

## 中国海

## ● 南海

于潇湉 / 主编　于潇湉 徐辛 / 著

庞旺财 / 绘

中信出版集团 | 北京

图书在版编目（CIP）数据

美丽中国海．南海 / 于潇湉主编；于潇湉，徐辛著；
庞旺财绘 . -- 北京：中信出版社，2024. 11. -- ISBN
978-7-5217-3309-9

Ⅰ . P722-49

中国国家版本馆 CIP 数据核字第 2024NQ6678 号

**美丽中国海·南海**

主　　编：于潇湉
著　　者：于潇湉　徐辛
绘　　者：庞旺财
封面插图：庞旺财
出版发行：中信出版集团股份有限公司
　　　　　（北京市朝阳区东三环北路27号嘉铭中心　邮编　100020）
承 印 者：北京尚唐印刷包装有限公司

开　　本：889mm×1194mm　1/16　　　印　张：3　　字　数：100千字
版　　次：2024年11月第1版　　　　　　印　次：2024年11月第1次印刷
审 图 号：GS京（2024）1401号
书　　号：ISBN 978-7-5217-3309-9
定　　价：25.00元

嗨！我是海洋探索者——深海勇士号。作为中国第二台深海载人潜水器，我的作业深度能达到水下4 500米，我身上的新型浮力材料让我能在深海中灵活自如地上浮和下潜，深海锂电池的可用次数增加了9倍！因此，地球上资源可开发的海域，我几乎都能去探险。这次我的任务是带你一探南海。这片神秘美丽的海域，有风光如画的红树林，有五彩斑斓的珊瑚礁，有鲸落和冷泉……南海的美景，真是数也数不完。接下来，就请你跟着本勇士一起探索南海的奥秘吧！

# 傻傻分不清"海"和"洋"

**你思考过海和洋是一回事吗？尽管它们联系密切，却并非同一个概念。**

洋的水深通常超过 2 000 米，最深处可达 1 万多米。世界上共有 4 个大洋，它们是太平洋、大西洋、印度洋和北冰洋。海在洋的边缘，一般靠近大陆，面积小、深度浅。

## 海与海之间也有差别

中国四大海区中，渤海是唯一的内陆海，黄海、东海、南海是位于大陆和大洋之间的边缘海。

地中海

大西洋

印度洋

北

渤海

黄海

东海

南海

温暖的浅层流

寒冷且盐度较高的深层流

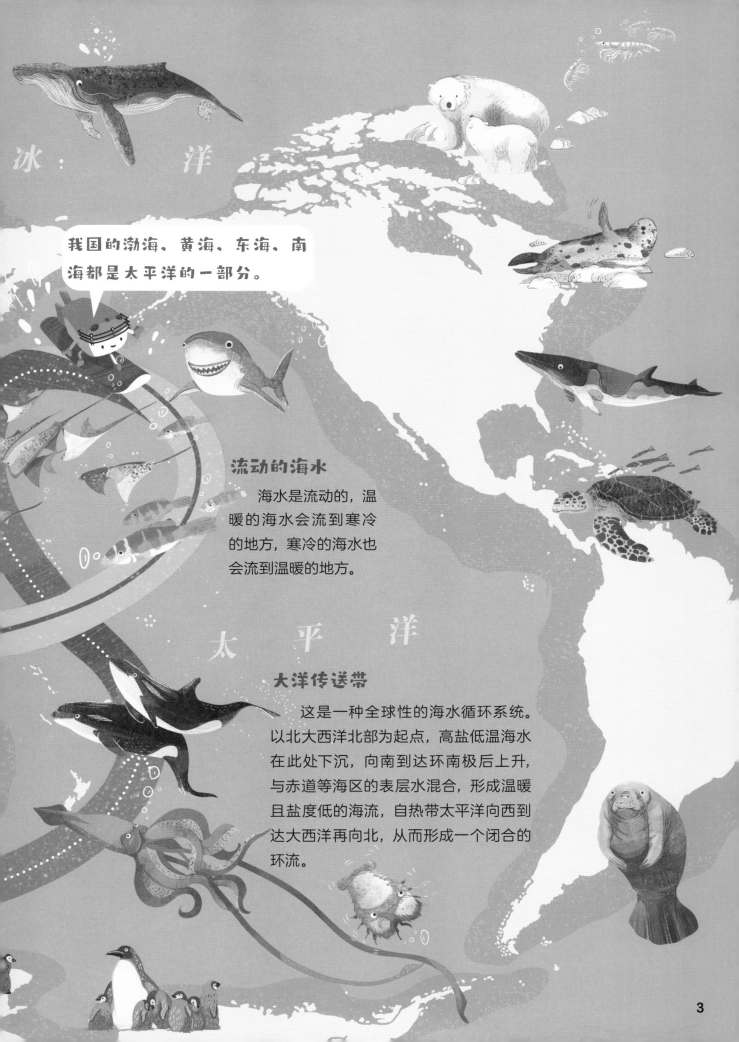

冰　　洋

我国的渤海、黄海、东海、南海都是太平洋的一部分。

## 流动的海水

海水是流动的，温暖的海水会流到寒冷的地方，寒冷的海水也会流到温暖的地方。

太　平　洋

## 大洋传送带

这是一种全球性的海水循环系统。以北大西洋北部为起点，高盐低温海水在此处下沉，向南到达环南极后上升，与赤道等海区的表层水混合，形成温暖且盐度低的海流，自热带太平洋向西到达大西洋再向北，从而形成一个闭合的环流。

# 这，就是南海

南海是中国三大边缘海之一，也是中国近海中面积最大、最深的海区，南海最南端距大陆 2 000 千米以上！

中国四大海区平均深度

渤海平均深度约 18 米
黄海平均深度约 44 米
东海平均深度约 370 米
南海平均深度约 1 212 米

海平面
200
400
600
800
1 000
1 200
1 400
1 600
深度 / 米

## 盐度

如果你不幸呛了一口海水——哎呀，这海水好咸啊！

南海海水盐度较高。不过在不同的季节，海水的盐度也不相同。夏季汛期降水量大的时候，海水盐度较低；冬季枯水期时，海水盐度则较高。

## 温度

海水的温度的高低主要取决于以下几点。

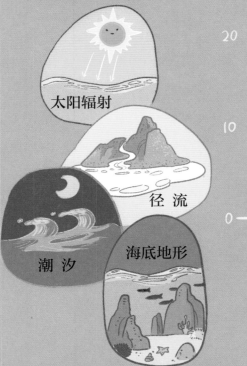

太阳辐射

径流

潮汐

海底地形

℃
30
20
10
0

南海大部分海区的月平均表层温度，都在 22℃以上。冬季南海北部沿岸温度最低低至 18℃以下，往南温度逐渐升高。

## 风暴潮

风暴潮是一种可怕的海洋灾害，它是由台风、温带气旋、寒潮大风、气压骤变等原因引起的海面异常升降现象。珠江汇入南海的入海口就是一个风暴潮多发的海区。

南海四大群岛分别是西沙群岛、东沙群岛、中沙群岛和南沙群岛。此外还有岛礁沙滩 250 多个，不过面积较小，有的只是一块礁石，有的常年淹没在水中。大部分岛礁的生存条件较差，不适合人类居住。

▲ 海水比色计

### 水色

海洋中的水呈现的颜色就是水色。你是否留意过，海水有时是碧绿色，有时是浅蓝色，有时甚至是棕色？海水的颜色为何如此多变？这是因为水中的悬浮物质和黄色物质的多少会影响水的颜色。无论春季还是冬季，南海大部分深水区都为 2 号色（很蓝啦）。

### 入海河流

汇入南海的河流众多，主要入海河流有韩江、南流江以及属于珠江水系的东江、北江和西江等。

# 不可思议，海边城

在广袤无垠的南海边，"长"出了一座座城市，独特的海滨风光和渔家文化，吸引着无数人来到这里。

广东省江门市——小鸟的天堂

在江门市的"小鸟天堂"景区，可以见到"独木成林，百鸟出巢，百鸟归巢"的自然奇观。将近 400 岁的大榕树独木成林，覆盖水面 1 万多平方米，是全世界最大的独木古榕。树上栖息着千万只小鸟，鸟树相依，形成一道独特美丽的风景线。

### 广东省湛江市—— 中国大陆南极村在这儿

来到广东省湛江市徐闻县，就不能不去看看中国大陆南极村。如果你在过年期间来到这儿，就可以尽情感受年例的热闹，爬刀梯、下火海、翻刺床、穿令箭……保准让你大开眼界。

▲ 海上丝绸之路始发港
位于湛江市徐闻县的徐闻古港是汉代海上丝绸之路始发港。你可以在这里体验"火车过海"，也就是坐火车到达海对面的海南省。

以下是湛江、潮州、东莞、深圳四个城市的特色美食，你能猜出它们分别来自哪个城市吗？

▶ 大鱼丸
色泽洁白、口感爽脆的大鱼丸用来煲汤，味道清爽可口，往桌上一扔它还会自己弹起来哟！

▶ 下沙大盆菜
盆菜象征着盆满钵满，新年大丰收。盆菜里各式各样的海鲜应有尽有，鲍鱼、大虾、蚝豉、鳝干……再说口水要流下来啦！

## 广东省潮州市——过河"拆桥"

潮州广济桥是中国四大古桥之一，始建于 1171 年。每到下午五点半左右，浮桥会收起来，以便船只通过，出现过河"拆桥"的景观。

**▼ 中堂龙舟**

中堂的龙舟制作技艺独具特色，以"大龙头"而闻名，龙舟前端有一个高高翘起的龙头。在当地，龙舟被视为吉祥之物。每年的龙舟比赛中，人们挥桨奋勇争先，展现出勇往直前、团结协作的精神风貌。

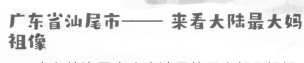

## 广东省汕尾市—— 来看大陆最大妈祖像

粤东的渔民喜欢来汕尾的凤山朝拜妈祖。妈祖像慈眉善目，为百姓送去平安和祝福。

## 广东省东莞市—— 龙舟舞起来

东莞市中堂镇是龙舟之乡。中堂龙舟已有 100 多年历史，是国家级非物质文化遗产。

## 广东省深圳市—— 舞草龙，庆丰年

深圳的水上居民过年会亲手扎草龙，游行队伍走街串巷，来到码头举行"化龙"仪式，点燃草龙，祈求风调雨顺。

**沙虫粥**

貌不扬的沙虫，形状一根肠子，味道鲜美、养丰富。香喷喷的沙粥一定可以勾起你的虫！

**▶ 中堂鱼包**

将新鲜鲮鱼最鲜嫩的部位压成薄皮，包入猪肉、腊肉等馅料，用高汤煮熟，就做成了中堂鱼包。这道美食香甜爽滑，让人回味无穷。

中堂鱼包：中堂
沙虫粥：汕尾
舞草龙：深圳
广济桥：潮州
妈祖像：汕尾

## 广西壮族自治区北海市——贝壳上的艺术

手艺精巧的北海人巧妙运用贝壳的色泽和纹理，精心雕琢出花鸟、山水、航船等主题的贝雕作品。另外，北海还有两个宝贝也十分有名。

一宝：合浦珍珠。珍珠中的极品。

二宝：儒艮。因雌性儒艮偶有怀抱幼崽于水面哺乳的习惯，常被误认为是"人鱼"。

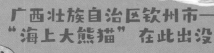

## 广西壮族自治区钦州市——"海上大熊猫"在此出没

钦州三娘湾是中华白海豚的故乡，中华白海豚因数量稀少而被称为"海上大熊猫"。在这里，你还能看到黑色、灰色、粉色、墨绿色、海蓝色等各种颜色的海豚竞相跃出海面的壮观场面！

以下是北海、三亚两个城市的特色美食，你能猜出它们分别来自哪个城市吗？

▶ 椰子饭

除了喝椰汁、吃椰肉，人们还会用椰壳作碗、椰汁作汤水，制作软糯香甜的椰子饭。

▶ 沙蟹汁

将沙蟹捣碎，可以制成醇香的沙蟹汁。沙蟹被想象力打造成神奇的调味品，让渔家人的生活多了些滋味。

## 海南省海口市——树在海上漂

东寨港红树林自然保护区位于海口市，是我国第一个红树林自然保护区。涨潮时海面只露出翠绿的树冠随波荡漾，宛如壮观的海上森林。

## 海南省三亚市——崖州古城欢迎你

崖州古城是三亚宝贵的历史文化遗产，距今已有一千多年的历史。自宋朝以来，历代州、郡、县治都设在这里。唐代高僧鉴真和尚在东渡日本时遭遇台风来到这里，并留下了一批佛教经典。

## 海南省琼海市——一条"玉带"分海河

琼海玉带滩是世界上最狭窄的分隔海、河的沙滩半岛，它的一边是平静如镜的万泉河，另一边是烟波浩渺的南海。

南海

万泉河

## 海南省儋州市——晒一晒就有盐了

儋州人靠海吃海。盐工根据海南岛高温的特点，用日晒制盐。洋浦千年古盐田是我国最早的日晒制盐点，距今已有1000多年历史，至今仍有盐工在这里劳作。

▶ 疍家粽

将柊叶煮透晾干制作成粽叶，包裹糯米、虾米、红鱼干等，蒸熟的疍家粽浓香四溢，让人垂涎三尺。

# 与众不同的海岛

坐好喽！我马上带你去瞧一瞧。

南海中的海岛各不相同，一些岛上还拥有丰富多彩的民俗文化。神秘的海盗宝藏、古老的少数民族、长得像船的屋子……海岛上有许多你想象不到的小秘密。

我们参加过上海博会表演！

## 东海岛

这是广东省第一大岛，带有鲜明的"雷州文化"特色，其中被称为"东方一绝"、距今已有300多年历史的人龙舞就是典型代表。

▲ 人龙舞

▲ 妈印石

## 妈屿岛

相传妈祖"化神"入海时在广东省汕头市留下了"妈印石"，潮涨再高它都不会被海水淹没。

▶ 一岛两妈宫
因为担心妈祖住腻了老妈宫，妈屿岛的人又修建了新妈宫，形成"一岛两妈宫"的场面。

## 海陵岛

广东省阳江市海陵岛曾连续3年被评为"中国十大美丽海岛"。

▶ 划呀划，赛龙舟
每年农历五月初一至初五，海陵岛的渔民会举行龙舟赛，获奖者能得到金猪（烤乳猪）、龙包（肉包子）等奖品。

## 上川岛和下川岛

古朴的上川岛和柔美的下川岛都属于广东省江门市，它们一个形似跳跃起舞的海狮，一个犹如展翅高飞的海鸥。相传海盗张保仔曾以上川岛为大本营，他将财宝藏在岛上各处，还在藏宝地点留下了谜语。

榄仔对娥眉，
十万九千四。
月挂竹竿尾，
两影相交地。

## 巫头岛、山心岛、沥尾岛

广西防城港市的巫头、山心、沥尾这三个小岛统称"京族三岛"。500多年前，就有京族人来到这里定居。他们靠海吃海，以捕鱼为生。

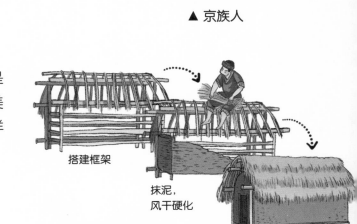

▲ 京族人

## 海南岛

海南岛是海南省的主岛，也是中国第二大岛，有"南药王国"的美誉。岛上有许多像倒扣过来的船一样的"船形屋"，是海南黎族特色民居。

搭建框架

抹泥，风干硬化

▲ 教你盖座船形屋

屋顶铺茅草片

## 大洲岛

大洲岛又叫燕窝岛，位于海南省万宁市东南部，是金丝燕在中国唯一的长年栖息地。大洲岛与周围海域构成了一个完整的海岛海洋生态系统，且基本保持着原始状态，具有很高的保护价值。

▶ 燕窝是怎样来的

燕窝一般是由金丝燕利用海藻和柔软植物纤维混合羽毛和唾液胶状物凝结而成的，可制为滋补食品。

## 东澳岛

东澳岛位于广东珠海市。狗爪螺、将军帽、石九公被誉为"东澳三宝"。

石九公

狗爪螺

将军帽

▶ 大王宝诞

大王宝诞庆典，是东澳岛上一年一度的隆重民间习俗。礼炮"砰"的一声，标志着舞狮表演开始，舞狮灵活地辗转腾挪，好不热闹。

# 缤纷海岸

南海与陆地交界的地方有什么？除了能让你撒欢玩耍的沙砾质海岸，你还能见到粉砂淤泥质海岸、岩石海岸、红树林海岸和珊瑚礁海岸等。想把各种海岸全都看个遍，来南海就对了。

沙砾质海岸是由沙和砾质砂组成的海岸，也就是沙滩。河水流到这里，留下了颗粒较粗的物质，在波浪和激岸浪的作用下，形成沙砾质海岸。

## 天下第一滩

位于广西壮族自治区北海市的北海银滩被称为"天下第一滩"，总面积约 38 平方千米。这里的白色沙滩含硅量极高，会在阳光的照射下散发出耀眼的银色光芒。

## 沙滩会"唱歌"

海南省陵水黎族自治县的清水湾沙滩有个神奇的本领——"唱歌"。走在细腻的沙滩上，脚下发出清脆的声音，就像沙滩在唱歌。

海岸上可不全都是细细软软的沙子，像棋子湾海滩和红石滩这样布满裸露的完整岩石的海岸叫岩滩。

## 红红的石滩

位于海南省琼海市的红石滩，将一大片赤红色的海滩呈现给世人。艳丽的红色石头被蓝色的海拥抱，点缀上雪白的浪花，让人流连忘返。

## 万亩沙漠落海南

棋子湾海滩位于海南西部海岸。相传两位仙人曾在这儿下棋，因此得名。从空中俯瞰棋子湾，星罗棋布的礁石在烈日的炙烤下闪闪发光，就像一颗颗棋子。这里常年干旱少雨，形成了海岸边藏着沙漠的奇观。

## 鱼尾纹海岸

黑排角位于广东省惠东红海湾，礁石多为黑色，充满神秘的气息。在日复一日壮观海浪和层层鱼纹型长浪的冲击下，黑排角形成了中国独有的鱼尾纹海岸。

▼ 海南三亚的"南天一柱"是典型的海蚀柱。

水的威力不可小觑，除了水滴石穿，海的力量还能将坚硬的岩石打造成栩栩如生"作品"。

广西北海的猪仔岭是一座海蚀"作品"，它看起来像头小猪仔卧在海面上，猪头微抬，眺望着大海。

▼ 海南省万宁的山钦湾怪石嶙峋，燕子洞屹立在沙滩上，接受着海水的拍打。虽然现在的燕子洞看着像拱桥，实际上它最早是一个海蚀洞，洞背面的石头被海水"啃"穿后变成了现在的模样。

## 拯救珊瑚礁，刻不容缓

珊瑚礁不仅极具观赏性，还蕴藏着丰富的自然资源。然而，珊瑚礁的现状不容乐观。以下行为都对珊瑚礁造成了威胁。

▲ 排放污水

▲ 非法捕捞

▲ 景区过度开发

▶ 人工光污染

如果再不重视对珊瑚礁的保护，未来它们将面临彻底消失的危险！

珊瑚礁海岸指的是造礁珊瑚等生物构成的海岸。珊瑚礁有"海洋热带雨林"的美称，可以保护海岸的礁石，减弱海浪对海岸的侵蚀。

## 美丽的珊瑚岛

别看西沙群岛永乐环礁西北部珊瑚岛面积仅有约 0.31 平方千米，它的构造非常特殊—— 它是由海中珊瑚虫遗骸堆筑成的岛屿。

## 天下第一湾

海南三亚的亚龙湾被称为"天下第一湾"可不是浪得虚名。这里山清、水碧、沙白，海水清澈见底。想在珊瑚群和热带鱼类的环绕下潜游海底世界，就来这儿吧！

红树植物扎根在海湾的潜水地带，它们根部周围的沉积物逐渐露出海面，形成了红树林海岸。红树林生长在热带、亚热带海岸潮间带。广东湛江红树林国家级自然保护区是全国面积最大的红树林自然保护区，总面积约两百平方千米。这里也是中国大陆海岸红树种类最多的地区，红树成林，风景如画。

这里的树林为什么被称为红树林？因为这里的树木富含单宁酸，当树木表皮破损，这种物质被氧化后就会呈现出红色。

## 靓丽金海湾

广西北海市的金海湾红树林生态保护区是景色优美的滨海湿地，吸引了百余种鸟类、昆虫、贝类等在此繁衍栖息，是我国罕见的海洋生物多样性保护区。涨潮时，你可以乘快艇出海，畅游海上红树林；退潮时，你可以在海滩上挖海螺、抓螃蟹。

# 绿色 红树林

你相信海上也有森林吗？红树林就是这样一片神奇的森林。涨潮时，红树林的一部分会被海水淹没，甚至有时只露出树冠或什么都露不出来。为了适应又咸又苦的海水，红树植物付出了很多努力。

红树林家族很庞大，全世界红树植物的种类有84种，中国有39种。

好咸好咸，涨潮时我灌了一肚子海水，快要不能呼吸了。

根部

别担心，我会努力长出地面,张大鼻孔(呼吸孔)吸收空气中的氧气。

呼吸根

叶片

为了茁壮成长，我和呼吸根并肩作战。即使不小心喝上几口海水，也能通过盐腺分泌出去。

# 红树家族的"特长生"们

**海檬果** · 制毒高手，它的果实带有剧毒。

**白骨壤** · 名字吓人，其实那灰白色的树皮是它隔离海水的绝招。

**银叶树** · 为了多多吸收氧气，生长出弯弯绕绕的膝状呼吸根。

**水椰** · 全身都是宝，果肉可生食，佛焰花序能榨糖、酿酒，叶子能编地席、篮子。

▶ **黑脸琵鹭**

感谢红树林为我们濒临灭绝的黑脸琵鹭家族提供栖息地。

▼ **弹涂鱼**

作为唯一能上树的鱼，我上树的本领都归功于发达的胸鳍、腹鳍和尾鳍！

眼 · 第一背鳍 · 第二背鳍 · 臀鳍 · 尾鳍 · 可辅助呼吸的皮肤 · 腹鳍 · 胸鳍 · 口

红树林水下的呼吸根丛生错杂，成了小动物们绝佳的栖息地。它们在这里捕食、 ，产生的排泄物和残骸又成了红树林生长最需要的养分，这样完备的生态系统， 里生机盎然。

哇！这里有新鲜凋落的叶片，我要饱餐一顿。

排泄物和残骸为红树植物提供养分

红树植物落叶

螃蟹吃落叶

真菌和细菌将未被吃掉的落叶分解成碎屑

大鱼以虾、蟹为食

虾、蟹、小鱼吃碎屑

# 浪花一朵朵

大海的脾气"阴晴不定",有时安静,有时却会性情大变,掀起大浪。大浪是游客和航船都害怕的家伙。那么,浪是怎么形成的?

我主要在海面下几千米深的地方工作,但也会经常浮上海面。我不喜欢大海发脾气般的惊涛骇浪。不过这也不能怪大海,因为制造海浪的主要是风。

当风吹过海面,海浪便诞生了。

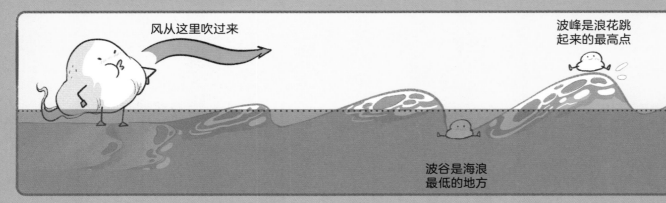

风从这里吹过来

波峰是浪花跳起来的最高点

波谷是海浪最低的地方

风与海浪常常相伴相随。根据海浪的强弱，可将海况分为 0~9 十个等级。

0 级海况下，海面光滑如镜，船只航行时如履平地。

◀ 0 级

3 级海况下，海浪不大，待在船上会觉得有点儿颠簸。

◀ 3 级

5 级海况下，船体摇晃明显。人在船上只能倾斜着活动，睡觉都像是在坐过山车。

◀ 5 级

9 级海况下，海面布满稠密的浪花层，海浪可超过 14 米，即使是万吨巨轮也会像树叶般飘摇。

◀ 9 级

## 风浪

俗话说"无风不起浪"，因风而起的海浪叫作风浪。风速越快、风刮得越久，风浪就越大。

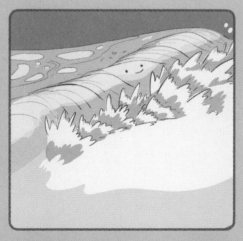

## 涌浪

风浪跑呀跑呀，直到跑出风的势力范围，就变得平心静气，成为波面光滑、排列整齐的涌浪了。

## 海浪的破碎

当风浪或涌浪跑到海岸附近时，会受地形作用而破碎。海浪破碎会产生大量白色水沫。

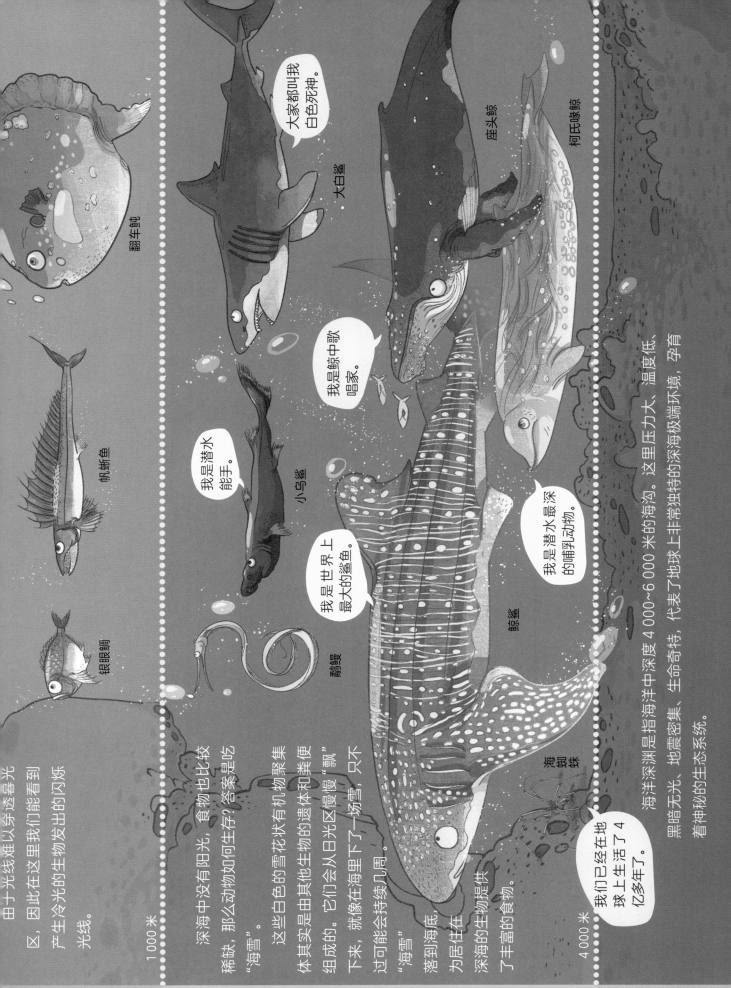

由于光线难以穿透以穿透普光区，因此在这里我们能看到产生冷光的生物发出的闪烁光线。

深海中没有阳光，食物也比较稀缺，那么动物如何生存？答案是吃"海雪"。这些白色的雪花有机物集体其实是由其他生物的遗体和粪便组成的。它们会从日光区慢慢"飘"下来，就像海里下了一场雪，只不过可能会持续几周。

"海雪"落到海底，为居住在深海的生物提供了丰富的食物。

海洋深渊是指海洋中深度4 000~6 000米的海沟，代表了地球上非常独特的深海极端环境，这里压力大、温度低、生命奇特、地震密集、黑暗无光，着神秘的生态系统。

# 南海 "珍宝馆"

南海中生活着许多珍贵的物种，它们性格各异，海龟害羞憨厚，玳瑁凶猛暴躁，棱皮龟胆小又温柔……还有拥有完美"黄金螺线"的鹦鹉螺、"龙宫瑞宝贝王"库氏砗磲……南海"珍宝馆"里的宝贝呀，多到你数都数不过来！

> 我执行任务时经常遇到海龟。

海龟的后肢像舵，负责掌握前进方向，它们比前肢小很多。

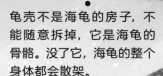

海龟会用屁股"呼吸"，不用将头伸出海面也能换气。

龟壳不是海龟的房子，不能随意拆掉，它是海龟的骨骼。没了它，海龟的整个身体都会散架。

海龟没有牙，那它如何进食呢？其实这要依靠它身体的一个精妙的构造。

> 我的口腔和食道里长满密密麻麻的倒刺，当我吸入海水再吐出时，这些倒刺能拦住食物。

吸

> 用力！水母和大量海水一起被我吸入肚子。

食物

> 哇！美味的食物！

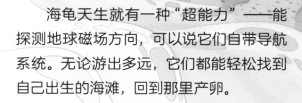

海龟天生就有一种"超能力"——能探测地球磁场方向，可以说它们自带导航系统。无论游出多远，它们都能轻松找到自己出生的海滩，回到那里产卵。

流线型身形可让海龟在海里减少阻力，游得飞快，但它也因此当不了"缩头龟"，因为龟壳内的空间太小。

龟壳上的同心环纹类似大树的年轮

人类活到一百岁是件稀罕事儿，但对于海龟来说不是什么难事儿。新陈代谢缓慢是海龟长寿的秘诀。数数龟壳上的同心环纹有多少圈，就知道它有几岁啦！

海龟是个近视眼，分不清水母和塑料袋。

海龟的前肢像一对船桨，让海龟能在海里灵活地游来游去。

嗨，我是海龟界的"大美龟"——玳瑁。我的背甲由13块棕红或棕褐色的角板平铺镶嵌而成。因为我长得太美，又爬得太慢，极易被人类捕杀；而且我的繁殖率很低，我已经成为国家一级保护野生动物。

我是龟鳖类中的巨无霸——棱皮龟。我和其他海龟不同，背部没有完整的硬壳，外壳由许多嵌在皮肤中的小骨组成。这使我成为"潜水健将"，就算下潜 1 000 米也不在话下。

潜入深海工作时，我经常碰到一位同伴——鹦鹉螺，它像一艘小潜艇，在浅海和深海里穿梭自如。它虽然叫"螺"，却不属于腹足纲，而是唯一具有外壳的头足纲生物，是乌贼和章鱼的亲戚。

鹦鹉螺视力很差，主要靠嗅觉和触觉寻找同伴和食物。

壳室之间由室管联通。

当鹦鹉螺死亡后，软体会脱离外壳沉入海底，而外壳则会漂在海上。

随着鹦鹉螺不断长大，它会扩建出一间又一间壳室。

鹦鹉螺的腕用处可多了。它不仅有嗅觉，还能帮鹦鹉螺固定在岩石上。

"住室"是鹦鹉螺居住的壳室，它的整个软体基本在这个室内。

## 鹦鹉螺自由沉浮的秘密

鹦鹉螺的每个壳室之间几乎是隔绝的，只靠一根室管联通。这便是它在大海里自由沉浮的奥秘——室管排出海水，体重减轻，上浮；室管吸入海水，体重增加，下沉。

人类从鹦鹉螺的壳室原理中得到了灵感，发明了潜1954 年，世界上第一艘核潜艇诞生，被命名为"鹦鹉螺号"

▲ 鹦鹉螺号

也许你很难理解，为什么我会有"砗磲"这样一个怪名字。瞧，我身上这一道道深沟，像不像被车轮碾出来的车辙印？所以在过去我也叫"车渠"。

如果砗磲被惹恼，就会迅速关上贝壳。砗磲小时候依靠足丝附着在珊瑚礁上，一般终生都不再挪动地方了。你不必担心它会饿死，它与它的好朋友虫黄藻之间相互依存，互利共生。它为虫黄藻提供保护，虫黄藻为它提供营养。海水自它的入水口到出水口走一遭，也会给它留下许多食物。

玻璃体
外套膜边缘上的玻璃体能聚合光线，帮助虫黄藻大量繁殖。

出水口

虫黄藻

入水口

外壳

珊瑚礁

足丝

珍珠
世界上最大的天然珍珠就产自砗磲。

25

# 一鲸落，万物生

南海1 600米处，黑得伸手不见五指。嗯，一头鲸正在慢慢沉至海底。那是国只有在南海才能见到的鲸尸！

刚死去的鲸就是一桌丰盛的美味佳肴，够我们吃上好几个月的。

睡鲨

盲鳗

对大多数生物个体来说，死亡意味着终结。但对于生态系统而言，死亡也意味着生命的延续。以鲸为例，死去的鲸的庞大身躯会成为海洋生物的盛宴，供它们享用几十年甚至上百年。

## 移动清道夫阶段

当鲸尸开始沉入海底时，就被海洋生物盯上了。盲鳗、睡鲨等一拥而上，鲸的身体一边下降，一边被这些移动清道夫享用。鲸90%以上的身体软组织在这个过程中被再次利用。

## 机会主义者阶段

小螃蟹们躲在角落里等待着饱餐的机会。鲸尸落到海底后，它们便冲上去大吃一顿，甚至在这儿安家。

光是骨架上的食物残渣，就够我吃上两年左右。

鲸的骨骼是最好的房子，我要在这儿生儿育女。

**化能自养阶段**

这时，鲸已经彻底变成一堆白骨。但几位重要角色才刚刚准备上场。

大量厌氧菌进入鲸骨深处分解脂质，产生硫化氢。

硫化氢就像深海中的"阳光"，能为化能自养菌提供能量。

化能自养菌能从硫化氢中获取能量，而一些生物又以化能自养菌为食。

**礁岩阶段**

当没有什么可吃的之后，鲸骨会成为海洋生物的居所。

至此，这场盛大而漫长的鲸落故事，画上了圆满的句号。

# 探秘珊瑚礁

在中国，你只有在南海才能见到绚丽多彩的珊瑚世界。早在亿万年前，珊瑚就在这儿安了家……

走，跟我一起下去看看！

海南人管珊瑚叫"海石花"，但它可不是花，而是由珊瑚虫及其分泌物形成的。珊瑚虫是地地道道的腔肠动物，和水母是近亲。一只珊瑚虫只有几毫米到几厘米那么大。

珊瑚虫结构图

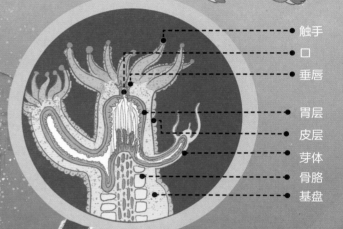

- 触手
- 口
- 垂唇
- 胃层
- 皮层
- 芽体
- 骨骼
- 基盘

珊瑚虫的分泌物构成的外骨骼形成珊瑚礁，一代又一代的珊瑚虫居住在老祖宗去世后留下的骨骼里。就这样，经历成千上万年，一座座珊瑚礁形成了。

并不是所有珊瑚虫的骨骼都能堆积成珊瑚礁！只有造礁珊瑚的珊瑚虫，才具有从海水里吸收钙等元素形成骨骼的造礁能力。

▲ 软珊瑚

▼ 石芝珊瑚

◀鹿角杯形珊瑚

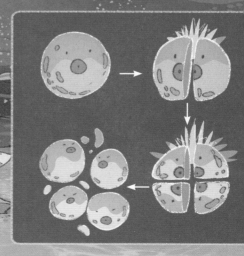

▲ 珊瑚虫的无性繁殖

在南太平洋有一片珊瑚海，它的面积约有479万平方千米，比南海还大呢！世界最大的三个珊瑚礁群都在这里哟！它们是大堡礁、塔古拉堡礁和新喀里多尼亚堡礁。

珊瑚和"租客"虫黄藻共同生活。珊瑚为它提供住所，它通过光合作用为珊瑚虫提供营养。

到了晚上珊瑚虫也不能饿着呀！这时珊瑚虫会伸出带刺细胞的触手，麻痹路过的小鱼虾，饱餐一顿。

虫黄藻

刺细胞

▼红珊瑚

## 珊瑚的颜色从哪儿来

珊瑚虫的身体几乎是透明的，但它的"租客"虫黄藻是黄褐色的，这就让珊瑚呈现出黄褐色了。

你也许还见过其他颜色的珊瑚，比如红色、蓝色等。这是因为珊瑚虫体内含有色蛋白和荧光蛋白，在形成骨骼的过程中，它们吸收了海水里的微量元素，让骨骼呈现出这些颜色。

▼滨珊瑚

▲苍珊瑚

▲笙珊瑚

▶海鸡冠

珊瑚一代又一代努力地长大，当台风和海啸席卷着惊涛骇浪从它们身上碾过后，会被消减大量的能量，威力大减，让居住在海岸边的人们避免流离失所。

可是在过去的几十年里，由于人类的破坏行为，珊瑚被开了"病危通知书"——珊瑚白化。如果海洋环境再得不到改善，它们很快便会在地球上消失！

**氧苯酮**

为了尽情地在海里畅游而不被晒黑，人们喜欢涂上防晒霜下水。殊不知防晒霜中的氧苯酮，对珊瑚来说是灭顶之灾！

全球气候变暖，导致海水温度升高。珊瑚喜欢生活在28℃以下的海水中，长期"泡温泉"可吃不消。即使是30℃的海水，也会导致它们大量白化死亡。

人们扔进海里的塑料垃圾，会阻挡珊瑚虫生长需要的氧气和光线，让它喘不过气来。锋利的塑料碎片不仅会割破它的身体，还大大增加了珊瑚虫感染细菌的风险。

潜水时，请不要触摸珊瑚，更不要踩它，因为它很脆弱。你轻轻一碰，就可能让它断裂，你手上的细菌也可能让它感染。此外，有的珊瑚还有毒。

瞧见我全身的棘刺了没？里面布满毒素。谁敢惹我，我就要它好看！我不仅产卵量大，还不挑食，什么珊瑚虫都爱吃。即使一时半会儿没有食物，我也饿不死，不吃饭也能活 9 个月。珊瑚最怕我了！

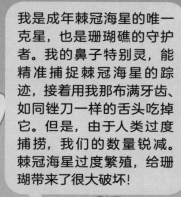

我是成年棘冠海星的唯一克星，也是珊瑚礁的守护者。我的鼻子特别灵，能精准捕捉棘冠海星的踪迹，接着用我那布满牙齿、如同锉刀一样的舌头吃掉它。但是，由于人类过度捕捞，我们的数量锐减。棘冠海星过度繁殖，给珊瑚带来了很大破坏！

▼法螺

▲ 珊瑚礁里的"大魔王"：棘冠海星

# 海鸟飞来南海边

除了鱼类，还有数不清的海鸟以大海为家。在广袤无边的南海上空，鸟儿盘旋着，有的大部分时间不上岸，有的以从其他海鸟嘴里夺食为生，海面上每天都热闹极了。

走，我带你一起去瞧一瞧！

流线型的身材帮我减轻阻力，让我更好地从高空冲入水下捕食。

## 红脚鲣鸟

红脚鲣鸟的方位感很强，渔民亲切地叫它"导航鸟"。这种鸟常出没在植被丰富的热带海岛。

最讨厌军舰鸟那帮家伙了，总是和我抢食吃。

我的瞳孔可以像猫咪那样随着光线强弱的变化而变化。这在鸟类里也是独一无二的。

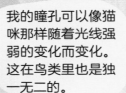

## 剪嘴鸥

剪嘴鸥的嘴巴长得像剪刀，下喙比上喙更长，在鸟类里独树一帜。在冬季，它们偶尔会出现在我国南部海岸。

又尖又长、弯钩状的喙是我的武器。我最擅长从鸟嘴里抢夺食物，人们叫我海盗鸟。

## 军舰鸟

发达的胸肌、宽大有力的翅膀和轻盈的身体使军舰鸟能以每小时三四百千米的速度在空中翱翔。它的羽毛在阳光下泛着美丽的绿色光泽，但并不防水。这种鸟多出没于广东沿海岛屿。

## 斑嘴鹈鹕

斑嘴鹈鹕会在全身的羽毛上涂抹尾羽根部分泌的油脂，使羽毛既光滑柔软又不会被水打湿。它们在我国华东及华南沿海都有分布。

我能从水面灵巧地起飞，在陆地上行走却十分笨拙，所以除了繁殖期我从不上岸。

## 灰鹱

灰鹱是鸟类中的"迁徙之王"，太平洋和南大西洋都有它们的身影。

我还是潜水健将，可以潜到68米深的地方觅食。

## 冠海雀

冠海雀的翅膀短小，不善飞翔，但它擅长游泳和潜水，短小的鳍状翅膀是它有力的推进工具。它们常出没在我国台湾。

头顶这一簇"呆毛"让我成为受人欢迎的"表情包"。

# 谁是空中"海盗"

生活在南海海面上的海鸟可不全是相亲相爱的一家人,有些家伙自己不擅长捕食,却很擅长从其他海鸟的嘴里抢夺食物,它们就是军舰鸟。

快看哪,半空中有一只军舰鸟正从红脚鲣鸟嘴里抢食,和它打得不可开交!

信天翁

发达的胸肌助我御风而行,每小时最快能飞 410 千米,秘诀就是巧妙地利用气流。我先借助气流一边盘旋一边升高,之后再滑翔下降,以节省体力。

信天翁也是长时间海上飞行的行家。不过它飞累了能浮在海面休息,我可不行呀!我的羽毛不防水,万一被海水弄湿就糟了!所以我的绝招是"边飞边睡"。滑翔时,为了避免栽进水里,我会保持清醒;盘旋升空时,我会采取睁一只眼闭一只眼的方式休息。

别看我并不魁梧,体重只有 1.5 千克左右,但我小小的身体里藏着大大的能量——我张开翅膀足足有 2 米多长。

## "海盗家族"亮相！

右侧羽毛画框中展示了一些军舰鸟家族成员，雌雄不同、种类不同的成员之间，外貌存在一些差异。你发现它们的不同了吗？

▼ 军舰鸟夺食现场

我是海鸟界的"杰克船长"。大自然赋予了我高超的飞行技巧，我却没有用来捕食，而是从其他海鸟嘴里抢夺食物。对此我也很无奈，因为大自然忘记给我防水的羽毛了！这让我无法像其他海鸟一样扎入水中捕鱼，只好练就了一身"鸟"口夺食的本领。

长而尖、呈弯钩状的喙是我的秘密武器。偷偷告诉你我的夺食秘诀，你可别告诉鲣鸟！第一式：在半空发起突击吓它一跳；第二式：追上去啄它的尾巴；第三式：狠狠啄它的翅膀和喉咙，直到它丢下食物。

①雌白斑军舰鸟

②雄白斑军舰鸟

③雌白腹军舰鸟

④雄白腹军舰鸟

⑤雌黑腹军舰鸟

⑥雄黑腹军舰鸟

# 海的瞳孔——蓝洞

在海南的渔民口中，流传着这样的传说：西沙群岛永乐环礁里有一个蓝洞，洞里面藏着南海的镇海之宝；还有人说孙悟空就是从这里拔走了如意金箍棒，因此在海中留下一个巨大的蓝洞。这个蓝洞就是永乐龙洞。

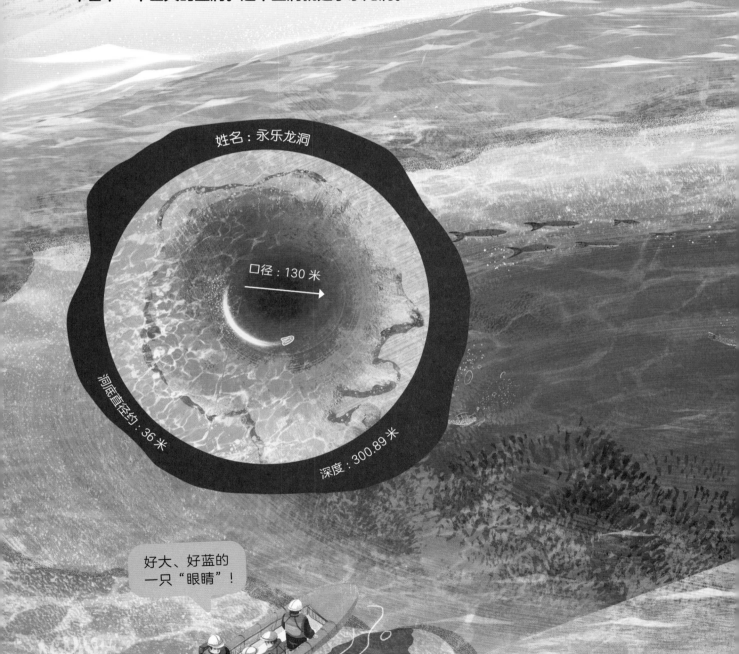

姓名：永乐龙洞

口径：130 米

洞底直径约：36 米

深度：300.89 米

好大、好蓝的一只"眼睛"！

大部分蓝洞的洞口都和外海连接，可是永乐龙洞没有和外海连接，洞内水体也没有明显流动。

咕嘟咕嘟，我要下去看看！

三沙永樂龍洞

瞧，永乐龙洞的剖面结构图的形状像不像一只芭蕾舞鞋？就算将三座大雁塔和一座大本钟叠在一起放进永乐龙洞里，也冒不出塔尖来！

| 永乐龙洞<br>300.89 米 | 大本钟<br>高 96 米 | 大雁塔<br>高 64.7 米 |
|---|---|---|

深度/米

0
50
100
150
200
250
300

如果把永乐龙洞和世界上其他著名蓝洞交叠放在一起，就能发现它们各自的特色啦！你看，咱们的永乐龙洞，真的很深哪！

**伯利兹蓝洞**
目前已知的世界最大口径蓝洞，开口宽约 318 米。

深度/米

0
50
100
150
200
250
300

迪恩斯蓝洞

永乐龙洞

在三沙永乐龙洞被发现前，迪恩斯蓝洞是世界最深的海洋蓝洞，深 202 米。

洞壁由珊瑚等
海洋生物残骸构成，
50米水深以上，发
现造礁石珊瑚。

永乐龙洞100米以上，是透光层，有氧，生活着二十多种海洋鱼类和其他生物。

永乐龙洞100米以下，趋于无氧，暂时没发现大型生物。

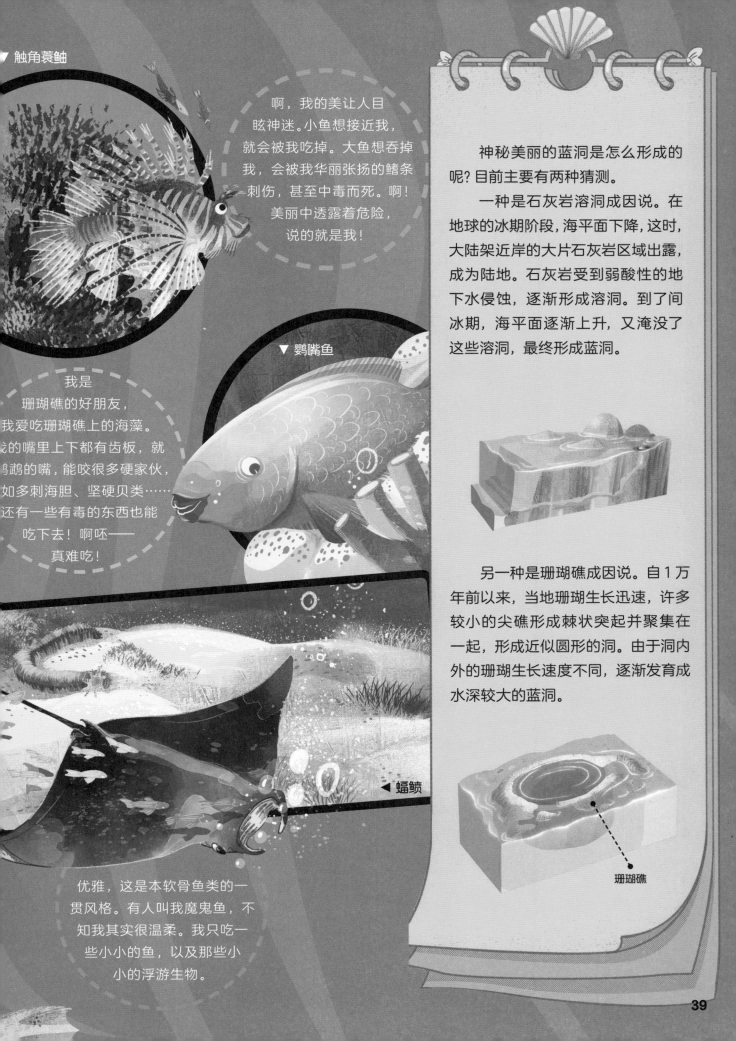

触角蓑鲉

啊，我的美让人目眩神迷。小鱼想接近我，就会被我吃掉。大鱼想吞掉我，会被我华丽张扬的鳍条刺伤，甚至中毒而死。啊！美丽中透露着危险，说的就是我！

▼ 鹦嘴鱼

我是珊瑚礁的好朋友，我爱吃珊瑚礁上的海藻。我的嘴里上下都有齿板，就像鹦鹉的嘴，能咬很多硬家伙，如多刺海胆、坚硬贝类……还有一些有毒的东西也能吃下去！啊呸——真难吃！

◄ 蝠鲼

优雅，这是本软骨鱼类的一贯风格。有人叫我魔鬼鱼，不知我其实很温柔。我只吃一些小小的鱼，以及那些小小的浮游生物。

神秘美丽的蓝洞是怎么形成的呢？目前主要有两种猜测。

一种是石灰岩溶洞成因说。在地球的冰期阶段，海平面下降，这时，大陆架近岸的大片石灰岩区域出露，成为陆地。石灰岩受到弱酸性的地下水侵蚀，逐渐形成溶洞。到了间冰期，海平面逐渐上升，又淹没了这些溶洞，最终形成蓝洞。

另一种是珊瑚礁成因说。自1万年前以来，当地珊瑚生长迅速，许多较小的尖礁形成棘状突起并聚集在一起，形成近似圆形的洞。由于洞内外的珊瑚生长速度不同，逐渐发育成水深较大的蓝洞。

珊瑚礁

# 海底有泉，泉不冷

我给大家介绍个新朋友。

嗨，我是本次领航员海马号。想知道冷泉是什么样子的吗？那儿又黑又冷，可是却很热闹……跟我一起去看看吧！

在南海，有一种奇特的现象——海底会冒泡泡。这些冒泡泡的地方叫作"冷泉"。2015年，海马号潜水器在南海海域首次发现了大型活动冷泉，并命名为"海马冷泉"。这是目前我国发现的最大的深海冷泉生态系统。

**瓣膜**
捕捉周围通风口环境中的分子的血管结构。

**管子**
蠕虫分泌的保护性甲壳素管，可以缩回。

毛细管

菌体

**营养体**
含有共生细菌的特殊器官。

◀ 管状蠕虫

**肠道**
蠕虫的主要身体部分。

没有动物想试试我的毒素有多厉害。

海葵 ▶

甲烷、硫化氢等气体在海底岩层中很不安分，瞅准空隙就往外钻，喷涌或渗漏出来。当它们进入海水，便形成了深海冷泉。

## 海底有冷泉，那有没有热泉？

当然有！大洋中脊和裂缝附近，一些含矿物质的水喷涌而出，温度极高。水温足足有 350 ~ 400℃。周围冷的海水遇到热水柱，像给炉子浇水，一冷一热，形成一团黑色烟雾，远远看去就像一个"黑烟囱"。

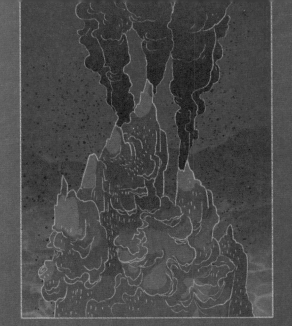

### 冷泉有多冷

冷泉的冷，是相对水温几百摄氏度的热泉而言的。它的水温与周围的海水相近，为 2 ~ 4℃。

### 冷泉为何值得探查

冷泉的周围往往有丰富的矿产资源。可燃冰就常出现在冷泉海底浅表层。可燃冰看起来像冰，遇火就着，是一种重要的清洁能源。

> 我们能组成大面积的贻贝床，这是冷泉的显著特征。

> 我是一只"伪装"成蟹的龙虾。

> 我适应性超强，在各种环境都如"虾"得水。

◀ 贻贝

◀ 毛瓷蟹

◀ 铠甲虾

# 海上古城堡

海底往往蕴藏着丰富的矿产资源，我国许多海域的海底都发现了石油。想要把它们开采出来，就需要钻井平台。钻井平台既要能放置几百吨重的钻机，又要有供开采人员工作的地方，因此，海上就出现了这样一个个钢铁堡垒。这些钻井平台中，以蓝鲸 1 号最为著名。

## 蓝鲸 1 号

这个大家伙，平台面积比一个标准足球场还要大。高度更是了不得，从船底到钻架顶端有 37 层楼高！

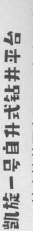

平台燃烧臂

开采海底石油时，可能会夹杂着天然气等易燃气体，最安全的办法就是将这些气体分离并烧掉。

这是世界上最大、钻井深度最深的半潜式钻井平台之一。

## 海洋石油 981

这个钻井平台正中央有一个五六层楼高的井架。平台能够承受一架直升机在上面起落。

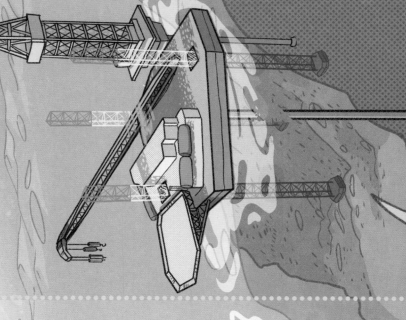

## 凯旋一号自升式钻井平台

这个钻井平台适用于海浪相对平静的海域，自升结构填补了国内该领域建造技术的空白。

升降。作业时它们会下伸到海底，将船体抬升至海平面以上，波浪就只作用在桩腿上，提升了平台的抗海浪能力。

环境专门打造的半潜式海上钻井平台。当它工作时，浮筒处在水面下，整个平台呈现出一种半漂浮的状态。这样受到波浪的影响较小，既能在深水海域工作，又能适应恶劣海况。

两间独立的房间，保证船员们在生活上互不影响。宿舍区的公共区域还有健身房呢！

石油，都埋在这种又黑又深的地方。

300米（深水）

1 500米（超深水）

3 658米（蓝鲸1号）

# 蓝色呼吸

热，好热好热！

人类不停地向大气中排放温室气体，海水温度变得越来越高。

地球要"发高烧"了！

中国力争在 2030 年前实现碳达峰，2060 年前实现碳中和。这是什么意思呢？这个"碳"指的是以二氧化碳为代表的温室气体。当二氧化碳排放量达到最高峰后时，就是碳达峰。

二氧化碳排放量
碳达峰
碳中和
时间
2030 年 2060 年

我们都知道森林吸收二氧化碳的能力超强，但你知道海洋吸收二氧化碳的能力有多厉害吗？

海洋中能够吸收、固定和储存二氧化碳的海洋活动及海洋生物，都能称为海洋碳库。海洋碳库的容量约是陆地碳库的 20 倍、大气碳库的 50 倍。

海洋生物是怎么固碳的呢？

首先登场的是可以吸收二氧化碳的浮游植物。水面营养丰富，浮游植物在这里长得更快，可以吸收更多的二氧化碳，并将它们转化为有机碳。

**我们该做些什么？**

不浪费水资源

低碳出行，环保又健康

当通过植树造林等方式吸收的碳能与人类排放碳的总量相互抵消时,就实现了碳中和。简单一句话,你排多少,我吸收多少!

接下来,海洋动物来了。浮游植物是很多海洋动物的食物来源。当海洋动物游到水面附近进食时,有机碳也随着浮游植物进入海洋动物体内。它们个头越大,运碳越多。

最后,随着海洋动物的排便,这些有机碳被"送"到了更深的海域。

少用塑料制品,拒绝白色污染

不浪费纸张,节约资源

光盘行动,节约每一粒粮食

45

# 找一找

你发现下面这些小动物都藏在哪里了吗？

3 只寄居蟹

4 只海马

2 只海龟

11 条小丑鱼